L'ART

DE

CONSERVER LES CHEVEUX.

PARIS. — IMP. BLONDEAU, RUE DU PETIT-CARREAU, 32.

L'ART

DE

CONSERVER LES CHEVEUX

TOUTE LA VIE,

D'EN ÉVITER LA PERTE

DANS

LES MALADIES ET LA VIEILLESSE

ET D'OBTENIR

UNE BELLE CHEVELURE

à l'aide de procédés nouveaux et infaillibles,

Par MARC ESCOUSSE,

Membre de plusieurs sociétés.

PRIX : 1 FRANC.

A PARIS,

CHEZ L'AUTEUR, RUE MONTMARTRE, 82,

Et dans tous ses dépôts

1851

PRÉFACE.

Si j'en dois croire des personnes qui étaient dans la confidence de la prochaine publication de l'ouvrage que je livre au public aujourd'hui, la première question que l'on doit se faire en voyant cet ouvrage est celle-ci :

Quel est ce M. ESCOUSSE, auteur de l'*Art de conserver les cheveux?*

Est-ce un poète?

Est-ce un philosophe?

Est-ce un savant?

Ma réponse sera facile et courte.

D'abord, je dirai : Qu'importe au public qui je suis et ce que je suis, pourvu que mon livre lui soit utile?

Et puis, avec la franchise qui me caracté-rise, j'ajouterai :

Non, je ne suis point un poète;

Non, je ne suis point un philosophe;

Non, je ne suis point un savant;

Mais peut-être suis-je quelqu'une de ces trois choses.

En effet, si je ne craignais d'afficher trop de présomption, je dirais :

Si, pour être poète, il faut être sensible à tout ce que la nature renferme de beau; s'il faut se créer un monde idéal ; s'il faut rêver la perfectibilité humaine ; s'il faut aimer les fleurs, les bois, les prairies, et sentir son cœur battre à l'aspect de ces fleurs enchanteresses que Dieu mit sur la terre pour faire le bonheur des hommes....., oh ! évidemment, je suis un peu poète !

Si, pour être philosophe, il faut recevoir, avec une égale indifférence, le bien et le mal qui peut arriver ; s'il faut prendre le présent comme il vient et ne point s'inquiéter de l'avenir ; s'il faut, enfin, se mettre constamment au-dessus des événements, quels qu'ils soient....., je puis le dire, je suis un peu philosophe !

Certes, je me garderai bien de dire que je sois le moins du monde un savant, mais je remercie, chaque jour, la Providence de m'avoir donné la pénétration nécessaire et la disposition d'occuper utilement mes veilles et mon intelligence à travailler sans cesse pour le bonheur de l'humanité !

Après cette profession de foi, que dirai-je encore au public ?

Rien, si ce n'est ceci :

Voilà mon œuvre.

Lisez et jugez.

INTRODUCTION.

De tous temps, les cheveux ont été pour la science, les écrivains et les poètes, un sujet de méditation.

Dans l'antiquité, ils furent un objet de vénération pour les peuples, les rois et les artistes. Chez plusieurs nations, la perte des cheveux couvrait d'ignominie et imprimait au front un stigmate indélébile.

De nos jours, ils sont encore considérés comme l'un des plus beaux ornements de l'espèce humaine ; et, de plus, comme un objet de protection.

Sous ce double rapport, et malgré l'indifférence qui règne actuellement, la question de
la conservation des cheveux est pleine d'inté-
rêt. Chacun témoigne plus ou moins le désir de
s'instruire dans cette science ; mais ce désir
était, jusqu'ici, d'autant plus irréalisable, que
les véritables causes de destruction étaient
complètement ignorées.

Quels regrets n'éprouve-t-on pas en voyant
sa tête se dépouiller de sa chevelure ?

Avec quel empressement ne cherche-t-on pas
à conjurer un pareil désastre ?

Malheureusement, le résultat des recherches
auxquelles on se livre est, la majeure partie du
temps, contraire à celui qu'on se promettait.
Tant il est vrai que l'homme est susceptible de

s'égarer et de devenir victime des efforts de sa raison comme de ses préjugés !

Mais si la société est souvent dupe, malgré sa bonne foi, elle trouve aussi une compensation dans les bonnes découvertes qu'elle voit surgir, par intervalles, de son sein, et qui constituent l'édifice du progrès.

Je m'estime heureux de pouvoir apporter une humble pierre à cet édifice glorieux.

Avec ma découverte, toute erreur est impossible. La lumière qu'elle répand inonde tout ce qui l'approche, et, bien qu'elle soit tardive, cette lumière ne peut être que bienfaisante et salutaire à tous ceux qui voudront s'en éclairer.

L'accueil favorable que le public a fait à

mes produits, m'impose le devoir sacré de lui parler la main sur la conscience, et de le faire jouir de tous les avantages de mes découvertes.

Je dois le prévenir aussi que mon dessein étant de me rendre utile, sans distinction, à toutes les classes de la société, j'userai le moins qu'il me sera possible d'expressions techniques et scientifiques, qui pourraient être inintelligibles à bien des personnes

Voici quel est mon but :

On a toujours attribué et même encore aujourd'hui on attribue aux maladies, comme à l'âge avancé, une influence désastreuse sur la racine des cheveux.

Eh bien ! c'est une erreur, cent fois une erreur....., et je le prouverai.

Ce n'est pas tout, il existe des causes malheureusement trop réelles de destruction pour les cheveux.

Ces causes, je les ferai connaître, au risque de déplaire au beau sexe; je le ferai, car, je le répète, c'est un devoir pour moi de dire la vérité, toute la vérité.

Puis j'indiquerai, enfin, les moyens hygiéniques à employer pour asssurer la conservation des cheveux.

Puissé-je accomplir ma tâche à la satisfaction du public! C'est la seule récompense que j'ambitionne.

CHAPITRE PREMIER.

Des causes destructives de la [chevelure.

I.

Un fait constaté par la science et la médecine
c'est que nos cheveux, dans leur principe de
végétation, sont, en tous points, comparables
aux plumes des oiseaux.

Les oiseaux vivent dans les champs, les fo-
rêts, au grand air et bravent les intempéries des
saisons, abrités seulement par cette légère fourrure qu'on appelle leur plumage.

2

Les hommes vivent dans les cités, à l'abri du froid et du chaud, au sein des douceurs du foyer domestique et accordent des soins tout particuliers à leur chevelure.

Comment se fait-il donc que les oiseaux conservent leur plumes et que les hommes perdent leurs cheveux?

C'est ce que nous allons examiner dans les paragraphes qui suivent.

II.

Il faut bien le reconnaître, diverses causes, plus ou moins sérieuses, peuvent nuire à l'existence des cheveux.

Ainsi :

L'usage de l'eau et des spiritueux prolongé; une grande sécheresse, des privations, des excès, des chagrins profonds, des travaux opiniâtres de l'esprit peuvent contribuer à la perte des cheveux.

III.

Une autre cause évidente de la destruction des cheveux, c'est, sans contredit, la malpropreté et le défaut d'emploi de moyens hygiéniques salutaires, ceux qui ont été indiqués jusqu'ici étant complétement nuls et même trèssouvent nuisibles.

IV.

Mais la cause principale, ou celle qui les domine toutes, c'est, incontestablement, l'usage qu'ont adopté les hommes de recouvrir leur tête d'un chapeau, au mépris de la coiffure naturelle que leur a donné Dieu, Dieu qui est infaillible dans ses œuvres et contre lequel ils osent lutter !

Les funestes effets produits par les chapeaux sont faciles à décrire et à concevoir.

La transpiration abondante et prolongée, provoquée, dans les chaleurs surtout, par le surcroît d'un chapeau, relâche les pores, produit l'acrimonie, brûle la racine des cheveux, attaque, par son acidité et son impureté, les bulbes et les follicules formant la base de leur existence et de leur accroissement. Les cheveux présentent, d'abord, un aspect languissant et terne et finissent par mourir, ensuite, asphixiés par la privation d'air.

Ce qui prouve l'incompatibilité qui existe entre l'usage des chapeaux et la crue de nos cheveux, c'est que les personnes chauves se trouvent avoir le sommet de la tête dégarni, précisément à la partie du chef qu'ils ont l'habitude de couvrir constamment, tandis qu'à la partie inférieure, latérale et postérieure de la tête, que le chapeau n'a point garantie du froid, ni du chaud, ni de l'humidité, les cheveux s'y maintiennent conservés.

Ce qui le prouve, encore, c'est que beaucoup de femmes se coiffent en cheveux ou ne mettent sur leur tête qu'une coiffure très-légère et très-accessible à l'air, sans s'inquiéter de la variation de la température et qu'il est reconnu que toutes les femmes qui en agissent ainsi, même en hiver, conservent leurs cheveux et les ont plus beaux que ceux des personnes qui les emprisonnent.

Cela explique que les bienfaits de l'air sont une compensation des rigueurs du froid.

Le ralentissement de vitalité ne peut être que fort peu sensible et nullement dangereux, les cheveux étant là, comme par enchantement, pour modérer l'ardeur des saisons rigoureuses.

Tout mauvais effet doit être dissipé, d'ailleurs, pendant la nuit, par la chaleur résultant du contact de la tête avec l'oreiller.

A ces remarques et citations, si concluantes, sur les funestes effets des chapeaux pendant les chaleurs et sur leur inutilité, en toute saison, même pendant les froids, ajoutons qu'en hiver l'atmosphère se trouve purifiée des exhalaisons malsaines qui s'évaporent du sein de la terre ; que par conséquent nous respirons un air plus pur ; que le sang, alors, ayant plus d'ardeur, circule avec plus de force dans toutes les parties de notre corps et afflue avec plus d'abondance jusqu'à la cime de la tête ; qu'enfin, les organes de cette partie se trouvant constamment nourris et ranimés dans leur activité, par l'agglomération du sang qu'ils reçoivent à profusion d'une circulation incessante, l'absence du chapeau ne peut, en aucun cas, devenir nuisible pour les personnes dont la tête est suffisamment garnie de cheveux.

En inventant les chapeaux, les hommes ont

voulu, dit-on, créer un abri pour leur tête; Il est possible que, dans quelques hypothèses bien rares, le chapeau soit un abri, mais, en général, il est bien plutôt un présent funeste de la mode.

Voyez, en effet, ces hommes âgés de 40 à 50 ans : Tous, ils ont fait un usage constant du chapeau. Eh bien! tous, ou à peu près, se trouvent avoir perdu leurs cheveux, quelquefois même jusqu'au dernier vestige, au sommet de la tête.

Voilà quelle a été l'efficacité de la mode pour eux!

Ainsi, le chapeau, après nous avoir fatigué, pendant notre jeunesse, nous dépouille d'un attrait si cher précisément alors que notre tête a contracté l'habitude d'être couverte et quand la vitalité, commençant à se restreindre, demanderait à être maintenue par la chaleur douce et continue des cheveux, que la chaleur du chapeau ne peut, en aucune manière, remplacer.

Si l'homme agissait sagement, il ferait pour le bien-être de sa tête, ce qu'il fait pour le bien-être de son corps : Il mettrait en harmonie sa coiffure avec le degré de température de chaque saison. En été, il rechercherait pour sa tête une coiffure aisée et très-légère. En hiver, il pourrait user d'un chapeau ordinaire, parce que la chaleur que ce chapeau occasionnerait établirait une compensation avec le froid de cette saison.

Je crois avoir démontré suffisamment que le chapeau est une des causes les plus graves de la destruction des cheveux.

V.

Cette destruction provient encore de plusieurs causes graves et qui vont faire le sujet des quelques paragraphes qui vont suivre, composés plus particulièrement pour les femmes, au sort desquelles je m'intéresse de toutes les forces de mon âme.

S'il y a des femmes dont la chevelure vient à se perdre, ou à s'éclaircir, elle ne doivent souvent l'attribuer qu'à leur imprudence ou à leur coquetterie.

VI.

Les femmes, en général, arrangent leur cheveux avec une symétrie qui leur est funeste. Pour les rendre unis comme une glace, elles les tendent à les briser, à partir de ces belles lignes qu'elles forment à l'extrémité de la tête, sans nul ménagement pour ces faibles racines ou bulbes.

A force de tiraillements involontaires, tout en fatigant le système pileux, en général, elles occasionnent l'arrachement d'une grande quantıté de cheveux et l'ébranlement d'une infinité d'autres. Ces derniers s'altèrent d'abord, et finissent, à force de récidives, par tomber insensiblement sans qu'elles puissent en soupçonner la cause.

VII.

Ensuite, elles emploient des pommades et des huiles dont les dangers, quoique peu apparents, n'en étendent pas moins leurs ravages sur le cuir chevelu. Ces huiles et ces pommades sont composés de matières qui salissent la tête et la masse des cheveux. — Si l'on y joint la poussière et les exhalaisons de cette partie, l'on a un amalgame d'une impureté telle qu'elle altère la beauté des cheveux, prive les bulbes et les follicules de l'efficacité de la communication de l'air, qui se trouve intercepté par l'obstruction des pores en résultant, donne naissance à cette quantité de peaux blanches dont tant de personnes se trouvent affectées, et cause, en définitive, la destruction des cheveux.

VIII.

Enfin, dans le but d'augmenter leurs charmes, et afin de nous enchaîner en esclaves à leur char, elles ont la barbarie de livrer leurs cheveux au fer meurtrier du coiffeur.

C'est là, d'abord, une profanation. C'est encore une action pernicieuse pour leurs cheveux et dont l'avenir les punit tôt ou tard.

Ici, qu'il me soit permis de faire une comparaison et de dire à l'aimable sexe auquel je consacre ces quelques lignes :

La science nous apprend que les cheveux appartiennent au règne végétal.

L'ardente chaleur de l'été flétrit les fleurs de votre jardin, si vous ne les arrosez pour en combattre la sécheresse. Aussi de quels soins

empressés vous entourez ces chères fleurs!
comme vous cherchez à leur procurer de la
fraîcheur et de l'ombrage !

Eh bien! vos cheveux sont de la même nature que vos fleurs et bien plus chétifs qu'elles... et vous pouvez regarder d'un œil indif-
férent, que dis-je? vous pouvez convoiter
l'emploi de ce fer rouge qui s'avance vers vos
cheveux pour les torturer et les consumer!

Ah! je ne puis m'empêcher de vous le dire,
c'est une faute impardonnable que vous com-
mettez, c'est plus que cela : c'est un crime et
un crime pour lequel il n'y a point de circonstances atténuantes.

Vos cheveux ne peuvent supporter, sans souffrir, la chaleur du fer, dont le degré se trouve
beaucoup plus élevé que celui du soleil. Dès que
le fer les touche, il sont atteints dans leur
principe de vitalité, ils languissent, se dessèchent et meurent !

Voulez-vous éviter la perte de vos cheveux?

Ordonnez à votre coiffeur de cesser de faire usage d'un fer sacrilége et assassin.

Cessez, vous-même, de faire subir à vos che cheux ces tiraillements désastreux qui les bri- sent.

Cessez, enfin, de vous servir de ces pommades et de ces huiles qui ne font que salir votre tête.

Suivez les conseils que je vous donne dans le chapitre de ce volume où sont énumérés les moyens hygiéniques à employer pour conserver les cheveux.

Et vous conserverez, effectivement, cette pa- rure délicieuse qui donne tant de charme à vos personnes !

Et vous ferez éternellement l'objet de notre admiration et de nos désirs!

CHAPITRE II.

C'est une erreur de croire que les maladies soient la cause
de la destruction des cheveux.

Sans doute, les maladies, surtout les maladies graves, ont pour les cheveux une influence fâcheuse. Mais le bon sens commun fera comprendre qu'il n'est guère rationnel de croire que les maladies puissent détruire le principe pileux, tandis qu'elles ne font qu'altérer momentanément la santé.

Quand notre santé revient saine et comfortable, après une maladie, on ne doit pas supposer que nos cheveux puissent être anéantis à jamais. Non, les maladies ne sont point, ainsi qu'on l'a vu dans le chapitre précédent, les causes véritables de tant de dévastations qui affligent l'humanité. Il n'est pas possible que les cheveux, étant en harmonie avec le corps, de telle sorte que celui-ci ne puisse tomber malade, sans que ceux-là ne participent à cette maladie, le corps recouvre entièrement sa santé, sans qu'en même temps les cheveux n'opèrent leur réhabilitation.

Cependant les cheveux tombent pendant les maladies et quelquefois ne reviennent pas...

D'où cela vient-il?

Eh! mon Dieu, cela est facile à expliquer.

Ainsi que je l'ai démontré dans le chapitre relatif à la destruction des cheveux, la concentration prolongée de la transpiration, durant les chaleurs, suffit souvent à elle seule pour détruire nos cheveux.

J'ai vu plusieurs officiers et soldats à qui un seul voyage a suffi pour les rendre chauves, parce qu'ils avaient eu l'imprudence de se tenir constamment couverts de leurs schakos durant

Or, chacun sait que le malade, dans sa faiblesse, transpire abondamment.

De plus, personne n'ignore que tous les soins de propreté à donner aux cheveux so nt, pou l'ordinaire, abandonnés pendant la période maladive.

Cette transpiration, cette négligence, voilà la source du mal qui arrive aux cheveux, dans ces circonstances.

Quoi! malgré notre bon état de santé, nos cheveux ne se conservent que difficilement si l'on n'a pas le soin de les tenir propres et de les aérer, et on les prive de ces soins hygiéniques précisément au moment où ils en ont le plus besoin, dans la période où ils se trouvent altérés, dans leur principe, par des maladies internes!

Ne voit-on pas, dans ces circonstances, que les cheveux, en même temps qu'ils manquent de nourriture interne, se trouvent détruits extérieurement par la transpiration qui s'exhale du corps du malade et stationne ensuite sur l'épiderme, ne trouvant pas d'issue pour s'évaporer?

Les cheveux, dans cet état d'abandon et d'inanition, s'agglomèrent, se dessèchent et meurent insensiblement, de même que les bulbes et follicules peuvent se trouver sérieusement compromis, surtout s'ils se trouvent déjà détériorés par les abus réitérés que j'ai décrits précédemment.

En définitive, nos cheveux sont victimes des causes morbifiques extérieures, provenant de l'incurie qui fait négliger la propreté et de la concentration de la transpiration.

La maladie aidant à la chute des cheveux, il est certain que cette chute ne peut être que précipitée.

Mais, on le voit, les véritables causes de la perte de nos cheveux ne résident pas dans les maladies, comme un préjugé aveugle voudrait le faire croire.

Une preuve convaincante de la sagesse de ces raisonnements c'est que, chez les hommes malades, les cheveux ne tombent abondamment que vers le sommet de la tête, où la calvitie, quand elle a lieu, établit toujours son siége.

Si mes raisonnements n'étaient pas fondés, comment pourrait-il se faire que les poils des diverses régions, doués du même organisme, jouissant des mêmes facultés, et se trouvant parfaitement en harmonie dans leurs rapports intimes avec le corps, cette harmonie puisse être interrompue, anéantie même pour l'extrémité de la tête, tandis qu'elle ne cesse de fonctionner qu'à de rares exceptions pour les cheveux recouvrant la partie inférieure, pour la barbe, les sourcils, les moustaches?

Et puisque l'on fait consister la beauté des

cheveux dans la santé de l'individu et leur décadence dans la suppression du suc nutritif provenant de l'amaigrissement du malade, comment se ferait-il encore que l'amaigrissement, suite des souffrances, comprenant tout l'ensemble de la personne, la chute des cheveux ne se trouve pas générale?

Pour quiconque réfléchit mûrement à la question qui m'occupe, il ne peut y avoir que cette conclusion à déduire : que les cheveux ne peuvent tomber partiellement lorsque la cause de leur chute se trouve être générale.

Dès lors, que la maladie, affectant la généralité de l'individu, devrait également affecter la généralité de la chevelure, s'il était vrai qu'elle eût la puissance qu'on lui prête, gratuitement.

Ainsi, reconnaissons donc, avec la saine logique, que la cause de la chute des cheveux, dans les maladies, ne provient pas de ces ma-

ladies elles-mêmes, mais uniquement des abus
que j'ai signalés, et notamment de la concentration des chapeaux, de même que de l'oubli
de tous les soins urgents que réclame le régime
sanitaire des cheveux, dans le cours des maladies.

Surtout dans celles des femmes, dont la quantité et la longueur des cheveux, se trouvant re-
levés, excitent une chaleur qui, jointe à la chaleur naturelle de la tête avec celle de l'oreiller,
provoque sans cesse la transpiration, laquelle
se trouve comprimée sous cette masse de cheveux, si l'on n'a la précaution de les aérer en
les démêlant et de les oindre d'un corps gras;
ils commencent, d'abord, par s'endommager et
finissent par occasionner la calvitie partielle,
souvent avec dépouillement vers les tempes.

Ne nous étonnons plus que la chute des cheveux, déjà étiolés et languissants, se trouve précipitée par une altération intérieure quelcon-
que.

Ne nous étonnons plus que, principalement chez l'homme, les cheveux de la partie inférieure, qui n'ont point eu à souffrir des abus que j'ai indiqués, s'étant conservés pleins de force et de vie, résistent vigoureusement à l'empire des maladies et, s'ils viennent à s'éclaircir, reprennent, lors du rétablissement du malade, leur volume et leur condition primitive presque instantanément.

Victimes de ces abus et privés des soins que je conseille, les cheveux ressemblent aux feuilles desséchées d'un chêne; le moindre souffle suffit pour les faire tomber!

A l'abri de ces abus et dotés de ces soins, les cheveux sont semblables aux feuilles éternellement vertes du cyprès; le plus brûlant soleil, la plus violente tempête, ne peuvent ni les jaunir ni les détacher de la branche qui les porte!

CHAPITRE III.

C'est encore une erreur de croire que la vieillesse soit une
cause de la destruction des cheveux.

Diverses personnes prétendent que la calvitie,
dans la vieillesse, provient de l'altération de la
vitalité.

A ces personnes, je poserai la question que
j'ai déjà faite à l'égard des maladies et je
dirai : Si la destruction des cheveux est produite par l'âge, d'où vient que cette destruction
n'est pas générale ?

En effet, — c'est un point digne de remar-
que, — de cette altération de vitalité qu'éprou-
vent les vieillards, il ne résulte qu'une des-

truction partielle, et toujours vers le haut de la tête, tandis que les cheveux voisins, les favoris et les moustaches sont préservés, et préservés tellement qu'ils nous accompagnent toujours jusqu'à notre dernière demeure, et qu'ils se conservent même longtemps après la mort.

Cette résistance de la barbe et des cheveux contre la destruction, même quand toute vitalité de notre corps est éteinte, n'est-elle pas la condamnation de cette opinion surannée qui présente comme inévitable la destruction des cheveux pendant la vieillesse?

Il est si peu vrai de dire que la vieillesse soit cause de la destruction des cheveux, que nous voyons, chaque jour, que la barbe, chez l'homme, prend de la consistance, précisément quand cet homme avance en âge; et, qu'il est même proclamé, par la science médicale, que beaucoup de femmes deviennent très-barbues avec le nombre des années.

Prenons dans la nature d'autres exemples.

Nous voyons les feuilles des arbres tomber chaque année, en automne, pour faire place à de nouvelles feuilles au printemps.

Nous voyons les oiseaux perdre leurs plumes, pendant la mue, et se parer ensuite de nouvelles plumes, plus brillantes et plus vives que celles qu'elles remplacent.

Enfin, nous voyons d'autres animaux dont les poils et le lainage tombent parfois, mais ces poils et ce lainage repoussent aussi fournis et aussi beaux, et ces animaux traversent avec eux leur vieillesse et leur vie, constamment à l'abri, sous une fourrure que l'on peut dire éternelle, puisqu'elle se renouvelle sans cesse.

Quand le maître de l'univers daigne être si visiblement et si matériellement prévoyant et généreux pour le moindre des animaux et même des insectes, est - il permis de penser que l'homme, qui est son image la plus accomplie par la raison dont il a été pourvu, ait pu seul, parmi tant de créatures, être négligé sur un point aussi important que la conservation des cheveux?

Et puisque nous avons vu, dans le chapitre précédent, que les cheveux, dans leur état normal, résistent aux maladies, et que, s'ils viennent à tomber, leur chûte n'est que temporaire, concluons-en que, d'après l'ordre établi dans la nature, l'altération causée par la vieillesse ne peut pas plus détruire les organes producteurs des cheveux que les organes chargés de transmettre la vie dans tout le reste du corps jusqu'aux extrémités les plus éloignées.

Ajoutons que les cheveux offrent cet avantage immense que si, d'un côté, ils se trouvent altérés par la suppression du suc nutritif, de l'autre, on peut en couper de leur longueur, et qu'alors les cheveux rendus plus courts exigent moins de nourriture.

Il s'établit donc une compensation d'où il

résulte leur conservation quelquefois même au milieu des plus fortes commotions, à condition toutefois, que les cheveux seront soignés ainsi que je l'indique dans le chapitre suivant.

Mais, me dira-t-on, si la calvitie n'est pas amenée uniquement par la vieillesse, comment expliquerez-vous qu'elle soit produite?

Voici ma réponse :

Ce qui donne lieu à la calvitie chez les vieillards, ce sont, d'abord, les abus nombreux que j'ai signalés dans les chapitres précédents, et qui en amènent la chûte. — Les cheveux, quoique frappés de mort, par suite, repoussent cependant par l'effet de la fraîcheur, de la sève et de la force de la jeunesse.

Mais, on le comprendra facilement, le système pileux n'en souffre pas moins; — avec le nombre des années, il finit par ne plus être en état de fonctionner et de produire, se trouvant usé insensiblement par les abus et le manque de soins hygiéniques.

Voilà l'explication de cette végétation clair-semée que nous voyons chez certains hommes.

Voilà l'explication de la calvitie chez les vieillards.

CHAPITRE IV.

Réflexions sur les compositions dont je suis l'inventeur.

Les moyens employés jusqu'au jour où l'on a commencé à se servir de mon huile étaient ou insuffisants ou nuisibles, c'est-à-dire que, dans aucun cas, il n'était possible d'atteindre le but que l'on désirait obtenir.

D'où cela provenait-il?

Cela provenait de ce qu'on ignorait les causes de destruction que moi seul suis parvenu à connaître et que j'ai décrites dans le cours de cet ouvrage.

L'huile dont je suis l'inventeur et à laquelle je donne mon nom, à partir d'aujourd'hui, est souveraine pour l'entretien, la souplesse et la beauté des cheveux. Elle les fait pousser et épaissir. Employée ainsi que je l'indique plus loin, elle est le baume le plus salutaire pour prévenir ou pour guérir toutes les infirmités du système capillaire.

Mon huile possède une vertu précieuse, celle d'alimenter, par son efficacité, les cheveux et les racines, d'émouvoir, de provoquer, de faciliter la naissance de nouveaux cheveux, en attendrissant l'épiderme par sa limpidité et son épuration.

Je suis également l'inventeur d'un stimulant plus actif que l'huile, et dont l'usage est indispensable pour les personnes dont les cheveux sont devenus très-clairs, ou celles qui sont chauves.

Enfin, j'ai inventé une préparation à l'aide

de laquelle on fait disparaître, en peu de jours, les pellicules, ou peaux blanches, qui se forment sur la tête et dont l'action est de nuire à la chevelure par le desséchement et l'interception de l'air qu'elles occasionnent. Quand elles sont en grande quantité, les peaux blanches ont pour funestes effets de décolorer les cheveux, de les rendre ternes et cassants, et d'en amener la chute, d'abord insensible, mais qui finit par se transformer en calvitie, et occasionner par suite les plus amers regrets.

Ces quelques mots suffisent pour démontrer l'urgence qu'il y a de s'adresser à moi pour se débarrasser de ces peaux blanches dont les suites sont si désastreuses.

J'ai établi toutes ces productions de parfumerie à des prix tellement minimes qu'il est facile à toutes les bourses de se les procurer.

J'ai cru devoir donner ces détails ici, afin de

rendre plus intelligibles les chapitres suivants, où je vais indiquer les moyens hygiéniques à employer pour conserver la chevelure ou la faire repousser.

CHAPITRE V.

**Soins hygiéniques à employer pour la conservation des
cheveux.**

I.

En état de santé.

Quand on se porte bien, il faut donner de
l'air aux cheveux, excepté pendant les grands
froids, à moins que l'on n'ait une chevelure
bien fournie.

C'est principalement en été qu'on doit avoir
le soin de rester la tête découverte, au moins

pendant la nuit et trois ou quatre heures par jour de préférence au plus fort de la chaleur, soit en restant chez soi, soit, de la part des hommes, en gardant le chapeau à la main.

On doit, chaque matin, démêler les cheveux avec le démêloir, afin de dissiper, en les aérant, l'effet nuisible des chaleurs de la nuit et du lit.

Le matin, on doit attendre quelques minutes avant de faire l'opération, pour laisser à l'air le temps de raffermir les pores qui se trouvent ouverts par la chaleur de la nuit; sans cette précaution, les cheveux tomberaient facilement.

Il faut brosser et passer au peigne fin, tous les deux jours, avec ménagement, pour maintenir la chevelure dans un état propre et convenable, et pour se débarrasser la tête des impuretés qui s'y amassent.

Quand on est exposé à la poussière, soit au bal, soit dans les promenades, soit dans les ateliers, soit enfin dans l'intérieur des ménages, alors les cheveux demandent à être brossés et peignés le soir de préférence.

Il faut avoir soin, lorsqu'on se peigne, d'enduire les cheveux de mon huile, pour les adoucir, pour faciliter le peigne à glisser sans tiraillements et pour leur donner, en même temps, la souplesse nécessaire et le brillant qu'ils ont perdu par la poussière, ou la chaleur.

Enfin, il faut répandre quelques gouttes de mon huile sur la tête, chaque soir, si l'on veut combattre la sécheresse des cheveux, provoquée par la chaleur de la nuit.

Il faut, tous les mois, couper un peu le bout des cheveux, les laver seulement quand la propreté des cheveux et de la tête le réclament, et avec les meilleurs procédés connus.

On peut employer ma méthode, que je donne comme la seule véritablement efficace et sans nul inconvénient. C'est celle dont je fais usage moi-même pour conserver mes cheveux qui sont, comme tout le monde le sait, ou peut venir s'en convaincre, d'une longueur, d'une finesse et d'une beauté que tout Paris apprécie chaque jour.

Cette méthode consiste à étendre sur la tête et parmi les cheveux une bonne cuillerée de mon huile spéciale, de réduire en poudre de la mie de pain blanc bien cuit et d'en parsemer la tête, en plusieurs reprises, en peignant, chaque fois, avec un peigne de buis bien fendu et de les brosser ensuite. Avant de se servir du peigne de buis, il est urgent de préparer les cheveux avec un démêloir; mais on fera bien de commencer par prendre de la mie de pain par poignée et d'en frotter les cheveux entre les mains tout autour de la tête et même sur la peau.

Je recommande aux dames qui se font coiffer d'exiger expressément que les cheveux restent amples, afin d'éviter l'irritation des bulbes et

faciliter la pénétration de l'air dans la chevelure.

Ces soins hygiéniques, mis en pratique, l'on
reconnaîtra bientôt, sous l'influence de leurs
bienfaits, la bonté de mes préceptes, et l'on
verra disparaître cette foule de maladies de
l'épiderme que l'on a vainement cherché jusqu'à ce jour à définir, et que la science, la plus
expérimentée, n'a pu que soulager.

II.

En état de maladie.

Lorsqu'on est malade, il faut, toutes les fois qu'on le peut, peigner soigneusement et brosser les cheveux, comme en bonne santé, les couper graduellement avec l'augmentation du malaise, ne pas couvrir la tête, ou ne l'envelopper qu'avec une soierie de Florence, très-claire, afin de pouvoir, évitant le duvet et la poussière, faciliter l'insinuation de l'air.

L'on doit, toutes les semaines, répandre sur la tête deux ou trois cuillerées à potage *d'eau tiède légèrement salée*, pour assainir et dissiper les inconvénients de la transpiration dont le malade est presque toujours affecté en ayant soin d'enduire la tête de mon huile un peu tous les jours.

Ces soins, d'une extrême simplicité, étant religieusement suivis, il n'y a plus de calvitie possible, excepté dans les cas où la maladie viendrait à établir son siége dans la tête et son épiderme, et serait d'une intensité telle qu'elle empêcherait de pratiquer ces soins, ou bien dans le cas où il y aurait des plaies, car les plaies peuvent quelquefois détruire les cheveux et leur culture pour toujours, en en détruisant le principe.

Si les cheveux sont considérables en volume, attirant le sang et la vitalité par leur chaleur naturelle, ils se conserveront beaux lors même que l'existence du malade serait dans le plus imminent danger.

III.

*Lorsqu'on est atteint d'alopécie , chute tempo-
raire des cheveux.*

Aussitôt que la chute est déclarée , il faut se
hâter de faire usage de mon huile ainsi que du
lavage indiqué dans mon prospectus.

Si la chute continue, on devra recourir à
mon stimulant, qui l'arrêtera infailliblement.

IV.

Quand on est atteint de calvitie, chute prolon-
gée des cheveux.

Les personnes dont la chute est abondante ou date de longtemps devront faire usage de mon huile et de mon stimulant.

Ce stimulant s'emploie ainsi :

Tous les trois jours, on en fait tiéder une ou deux cuillerées à bouche et on s'en enduit la tête avec une éponge. Après quoi, on se sert de l'huile comme il est dit ci-avant.

Les personnes auxquelles mon huile et mon

stimulant ne suffiraient pas, devront se raser la tête tous les huit jours, pendant un ou deux mois, en ayant soin d'employer mon huile matin et soir, de se frictionner pendant quatre ou cinq minutes légèrement, de se garantir du froid et de faire usage, dans ce cas, de mon stimulant tous les deux jours.

Les personnes chauves, ou celles dont les cheveux sont clairs ou faibles devront inévitablement se raser comme il est dit ci-dessus. C'est le seul moyen qui puisse leur faire espérer des succès.

Pour bien réussir, quand on se rase, il faut, la nuit, dans la saison rigoureuse surtout, couvrir sa tête d'un bonnet de flanelle, recouvert lui-même, de temps en temps, par un deuxième bonnet de taffetas, pour maintenir l'action vivace et la renaissance des cheveux, et afin que la transpiration qui doit en résulter, se trouve absorbée par le bonnet de flanelle qu'on aura soin de changer.

Enfin, les personnes qui voudraient venir me consulter, me trouveront toujours disposé à leur donner des conseils qui leur seront favorables, de midi, à deux heures, chaque jour.

V.

Canitie.

Cheveux et poils blancs.

Il est certain qu'il est impossible d'éviter quelques causes qui font blanchir les cheveux, telles que les grands chagrins, les vives émotions, les grandes frayeurs, et les commotions qui bouleversent notre âme.

Mais, je puis affirmer qu'en mettant en usage les soins que j'indique, on fera disparaître une foule de maladies épidermiques qui ont pour effet, en détériorant les racines, ou les bulbes, de faire grisonner les cheveux de bonne heure et de déparer une figure encore jeune en l'encadrant des empreintes de la vieillesse.

VI.

Conseils aux mères de famille.

J'exhorte les mères de famille à tenir les cheveux de leurs enfants assez courts, en les exposant au grand air, surtout dans la belle saison, en les imprégnant légèrement de mon huile.

C'est là, je le certifie, un moyen sûr pour obtenir une chevelure belle et bien fourrnie.— Néanmoins s'il se trouvait une nature assez ingrate pour résister à ces soins et procédés, il faudrait raser la tête vers l'âge de huit à dix ans, en évitant le froid de l'hiver, afin que la substance qui nourrit les cheveux étant longs, devenue trop abondante pour les cheveux courts, puisse se propager dans tout le cuir chevelu, porter la vie et la force à cette infinité de petits poils follets, qui, sans le secours du rasoir et de mes procédés, fussent restés imperceptibles et dans l'impuissance de se produire.

CONCLUSION.

Voilà mon œuvre achevée.

On le comprendra, sans peine, j'aurais pu, avec la matière que j'ai traitée, faire un volume de 400 pages.

Mais à quoi cela aurait-il servi?

A rien.

J'ai préféré faire un ouvrage court, mais clair, précis et facile à saisir par toutes les intelli-gences.

Ai-je bien fait?

C'est au public à juger cette question.

Son approbation sera une preuve que mon inspiration a été bonne.

www.ingramcontent.com/pod-product-compliance
Ingram Content Group UK Ltd.
Pitfield, Milton Keynes, MK11 3LW, UK
UKHW031805170726
13836UKWH00003B/1194